U0527582

EXCELLENT
ADVICE
宝贵的
人生建议
FOR
LIVING

[美] 凯文·凯利 著
刘波 译

我希望早点知道的智慧
WISDOM I WISH I'D KNOWN EARLIER
KEVIN KELLY

中信出版集团 | 北京

图书在版编目（CIP）数据

宝贵的人生建议 /（美）凯文·凯利著；刘波译. -- 北京：中信出版社，2023.9（2024.7重印）
书名原文：Excellent Advice for Living：Wisdom I Wish I'd Known Earlier
ISBN 978-7-5217-5863-4

Ⅰ.①宝… Ⅱ.①凯…②刘… Ⅲ.①人生哲学－通俗读物 Ⅳ.① B821-49

中国国家版本馆 CIP 数据核字（2023）第 136028 号

Excellent Advice for Living: Wisdom I Wish I'd Known Earlier by Kevin Kelly
Copyright © 2023 by Kevin Kelly
All rights reserved.
Simplified Chinese translation copyright ©2023 by CITIC Press Corporation
ALL RIGHTS RESERVED
本书仅限中国大陆地区发行销售

宝贵的人生建议
著者：　　［美］凯文·凯利
译者：　　刘波
出版发行：中信出版集团股份有限公司
　　　　　（北京市朝阳区东三环北路 27 号嘉铭中心　邮编　100020）
承印者：　北京通州皇家印刷厂

开本：880mm×1230mm　1/32　　印张：7.75　　　　字数：30 千字
版次：2023 年 9 月第 1 版　　　　印次：2024 年 7 月第 7 次印刷
京权图字：01-2023-4134　　　　　书号：ISBN 978-7-5217-5863-4
定价：69.00 元

版权所有·侵权必究
如有印刷、装订问题，本公司负责调换。
服务热线：400-600-8099
投稿邮箱：author@citicpub.com

谨以此书献给我的孩子们：
凯林、淳和岱文

致读者

68 岁生日时，我决定给刚成年的子女一些人生建议。我并不常给别人提建议，但很快我就写下了 68 条建议。令我惊奇的是，我想说的话比预想的要多。所以在接下来的几年里，每年生日那天我都写下一些建议，并与家人和朋友分享。他们读完仍意犹未尽。我就一直写下去，最终写了大约 460 条建议。我希望在自己年轻的时候就知道这些建议。

我主要是在传递历时历代的智慧。我提供的是从别人那里听到的建议，久经时间考验的不朽智识，或者与我自身经历相匹配的现代格言。可以说，每一条建议都不是我真正原创的，但我努力用自己的话来说。我觉得这些建议是种子，因为我们可以很轻松地把每一条建议扩展为一篇长文。事实上，在写作过程中，我的主要精力是用在这个方面：把这些重要的经验教训浓缩为尽可能紧凑简炼、易于传播的语言。我鼓励读者在阅读时扩展这些"种子"，以使之适应你身处的具体情境。

如果你觉得这些建议与你的经历相符，请分享给比你年轻的人。

凯文·凯利

加利福尼亚州帕西菲卡市，2023 年

中文版序言

本书的创作始于偶然。我原本并没有写这本书的打算。最初是我给子女提了一些建议,并将其发在网上。这些建议很快就广为传播,所以我在几年的时间里不断补充新的建议,这些新建议也广为传播。最后,这些建议足够多了,而且散落在各处,于是我想将其收集于一处。所以我写了这本小书,以便于与朋友,与希望改善自身生活的人,分享这些建议。

本书的目标是传递经过时间检验的智慧,但是用我的话表达出来,采用的几乎全是美国的表达方式。所以，尽管有些建议，希腊斯多葛学派、《圣经》或者古代中国哲学家可能也表述过，但我想用现代人喜闻乐见的方式再表述一遍。我觉得这些建议是普适的，其中包含的智慧在全世界通用，因此我很高兴推出这本书的中文版。

多年前我动笔写下这些人生建议，是为了帮助我自己记住这些智慧，以养成书中提到的习惯。这些建议越短就越容易记住。尽管其中的一些也许是基于我人生的特定经验，但大多数建议是基于亘古不变的价值观和美德，不管科技如何创新，它们都不会改变，包括感恩、善良、乐观等。我希望这些小小的人生箴言将帮助你记得要更加感恩、善良，更加满怀希望，因为如果你能做到这一点，你和身边的人都会过得更好。至少这是我的体验。

我在挑选建议时遵循三条标准。第一，要简短。我想把一整本书的建议压缩为一条推文。第二，要积极向上、令人振奋，而不是讽刺挖苦、消极丧气。第三，这些建议必须是我真心相信的。这些建议必须是对我有过帮助、我能坚定执行的，而不只是听上去好听。本书的所有建议都是我真诚坚守的建议（尽管我不能确保始终完全践行）。

本书出版后，我情不自禁地又写下一些新建议。我不断地想到一些东西，这些东西是我已经知道的，但我觉得年轻人也应该知道。此外，即使在今年，我也学到了一些相

Excellent Advice for Living

见恨晚的新东西。所以，当本书中文版的编辑们问我还有没有其他建议时，我很高兴地告诉他们：有！本书英文原版有 460 条建议。在中文版中，我特地新增了 40 条建议，所以最终本书中文版是整 500 条。

本书的每一条建议不一定都对你有意义，但我相信很多是有的。本书就像一个压缩文件，你可以解压缩，从中发现更多宝贝。读这些建议时慢慢来，可以一天只读几条，然后看其中的道理如何展现，与你的生活相映照。如果你觉得这些建议有用，就分享给那些渴望成长的人吧。

凯文·凯利

2023 年 8 月

这40条建议为中文版独家。

K.K.

2023年8月

对一个东西最好的批评
是做出新东西来替代它。

⋅ ⋅ ──────

至少每天承认一次"我不知道",
你将成为一个更好的人。

⋅ ⋅ ──────

毫不犹豫地自我投资——
花钱上课，学习新技能。
这些不起眼的投资，
能产生丰厚的回报。

• •

一个值得追求的人生目标是，
成为有影响力、
行为不能被预测的人。
也就是说，
要做那些 AI 难以模仿的事。
做一个不能被算法模型化的人，
这样你将无可取代。

• •

趁着父母还在世,

用录音设备(或应用),

采访他们。

不停地问问题。

你会有惊人的收获。

请人把他们的经历,

做成口述史、纪录片,

或者写成书。

对他们,

对你的家庭来说,

这将成为一份厚礼。

对每个人，
都要给第二次机会，
但不要给第三次。

多任务操作是一个迷思。
走路、跑步、骑自行车或开车时，
不要发信息。
稍停片刻没关系，
没有人会因为这一分钟忘记你。

每个月尝试一次，
换条路回家，
换个门进家，
换把椅子吃饭。
不要因循守旧。

·· ———

对已经发生的事进行假设，
是浪费时间。
对未来进行假设，
则大有裨益。

·· ———

创作那种能激发

他人创作艺术的艺术。

• • ———

你生活的地方——城市或国家，
对你的生活有很大影响。
这个因素，
与大多数因素不同，
是一个你可以选择和改变的因素。

• • ———

培养对小事的耐心，
你才能对大事保持耐心。

要让自己快乐，
就先要让自己成为一个有用之人。

拥抱别人时，
让别人先松开双臂。

不要把精美的瓷器和好酒，
非留到难得的场合才拿出来，
这一等可能就是永久；
只要有机会，就可以拿出来。

· · ————

最好的园艺建议：
弄明白你能养好什么，
然后种好多好多。

· · ————

用你喜爱和接受的东西，
而不是你厌恶和拒绝的东西，
来定义你自己。

大多数争论
其实跟争论本身毫无关系。
所以在大多数情况下，
人们无法通过争论来赢得争论。

成功最可靠的方法，
是你自己定义成功。
先射箭，
然后在射中的地方，
画一个靶心。

· ·　———

大量阅读历史，
你就会明白
过去发生过多少怪事；
这样，对于未来的怪事，
你将见怪不怪。

· ·　———

人生中至少留一件事，

在这件事上，你不追求效率。

多花时间享受这件事，

即使此事非你所长。

这是你的欢娱时间，

将让你永远年轻。

绝不要觉得这么做有错。

面对重要的事，

允许改变想法。

这是智慧，

而不是不道德。

新想法产生五分钟后,
就会从你的头脑中消失。
利用这五分钟的时间,
及时行动。

重要的事,
通常不紧急,
紧急的事,
通常不重要。
要完成重要的事,
就不要操之过急。

有的东西,
你采购多少都不会多。
比如当你浇筑混凝土时,
当你选购电池时,
当你为聚会准备冰块时。

• • ———

当你陷入困境或力不能支时,
专注在力所能及的小事上,
这能推进事情的进展。

• • ———

在博物馆里，

你需要花至少 10 分钟，

才能真正地欣赏一件艺术品。

哪怕看 5 件展品，

每件花 10 分钟，

也不要看 100 件展品，每件花 30 秒。

要获得持续的满足感，

努力把苦日子过好，

胜过好日子锦上添花。

当你考虑"接下来呢?"
这几个字时,
你的决策
将变得更明智。

在条件许可的情况下,
每个房间
都应该有两面采光。
只有一面采光的房间,
使用率较低,
所以当你可以选择时,
选两面采光的房间。

在同意参加一场工作会议之前,
你必须先看会议日程,
并知道需要做出什么样的决定。
如果不需要做出任何决定,
你可以跳过这场会议。

你没有喜欢每一个人的义务,
你有厌恶任何一个人的自由。
但对每个人,
你都要给予基本的尊重,
包括你厌恶的人。

当你发现自己拖延时，

不要抗拒。

把拖延当作现在要做的事。

全身心拖延。

尝试五分钟里什么也不做。

把这当作你的任务。

你根本完成不了这个任务。

五分钟后，

你将做好准备，渴望工作。

单靠自己，

你无法真正成为你自己。

你无法单枪匹马地

成为一个独树一帜的人。

这是一个悖论，

如果你想变得独一无二，

你需要世界上所有其他人的帮助。

如果你需要旁观者提供紧急帮助，

直接给他们下命令。

给他们分派任务，能让茫然的旁观者，

变成负责任的协助者。

每个成功,

都有某种不能用金钱衡量的成本。

要追求成功,

就必须心甘情愿地付出成本。

快速地失败。

频繁地失败。

从失败中吸取教训。

如果你能不断地从失败中成长,

失败就不是耻辱。

如果你不想投资于一家公司，
就不要在这家公司工作。
因为当你工作时，
你是在投入自己
拥有的一切：你的时间。

做好事本身就是一种奖励。
当你做好事时，
人们会质疑你的动机，
你的任何善行都将很快被遗忘。
但还是要做好事。

你能做的最利己的事,

就是慷慨。

学习如何从与你有分歧

甚至冒犯你的人那里

学到东西。

看看你能不能

从他们的认识中

找到真理。

保持热情

相当于增加 25 点智商。

宝贵的人生建议

倾听是一种异常强大的能力。
听你爱的人讲话时，不断问他们：
"还有吗？"
直到他们说"没有了"。

· ·

务必规定一个截止日期，
因为这可以筛选掉
无关紧要和平淡无奇的事项。
截止日期有助于纠正
你的完美主义倾向，
迫使你找到不一样的解决方案。
不一样是一件好事。

· ·

不要害怕问

听上去愚蠢的问题。

因为在 99% 的情况下,

其他人都在想

同一个问题,

只是不好意思问出口。

❖

你的生活,

要像一个有待设计的初始模型。

做各种尝试,

而不是制订宏大的计划。

❖

宝贵的人生建议

当你原谅别人时,
对方可能没有察觉,
但你会释怀。
宽恕不是为了别人,
宽恕是我们给自己的礼物。

• ———

如果你"做不了"某件事,
那可能很尴尬。
但如果你正在"学着做"某件事,
那就是令人敬佩的。
只需要小小几步,
你就能跨越"不能"和"学习"之间的界线。

• ———

不要用别人的尺子
丈量自己的人生。

当有人告诉你
什么
会惹恼他们时,
他们是在告诉你
什么
会激发他们的动力。

宝贵的人生建议

只有当你把收藏品
放在显眼的地方展示，
愉快地与他人分享时，
对你而言，
收藏才是一件好事。
否则，
你只是在囤积。

稍事休息
不是软弱的表现，
而是实力的象征。

旅行的主要目的

是放下。

放下的越多,

你就走得越远。

每当别人邀请你

投入辩论时,

你并不是每次都要入局。

宝贵的人生建议

一个很有价值的年度目标是
深入了解一门学科。
一年之后你会惊叹,
一年前你是多么无知。

如果别人非理性地
接受了某个想法,
那么你无法通过说理,
使他们放弃那个想法。

感恩之心，

能唤醒你身上所有的美好，

这是一种

可以不断提升的能力。

当你为自己的待办任务清单焦虑时，

想想你已经完成了多少任务，

就可以得到宽慰。

宝贵的人生建议

请客吃饭永远是有效的方法,
而且简单易行。
这对老朋友很有效,
也是结交新朋友的好方法。

痛苦总是不可避免的。
是否为痛苦所折磨,
则是人的选择。

如果你在家里找某样东西,

终于找到了,

用完后,

不要把它放回原处。

将它放到

你寻找的第一个地方。

运动 + 多样化饮食 = 健康。

绝不要使用信用卡来获得信贷。

唯一可以接受的信贷或债务

是这样的债务：

你可以通过借这笔债，

获得交换价值极有可能增加的资产，

比如房子。

大部分东西的交换价值都会持续减少，

或者在你购买的那一刻消失。

不要通过借债来购买价值不断贬损的东西。

了解自身的好方法是，

认真地思考他人身上让你生气的地方。

设定一个雄心勃勃的目标

有这样的好处：

能把标准定得很高。

这样一来，

即使你努力后没实现目标，

你也会实现超出一般水平的成功。

当你捐出 10% 的收入时，

你失去了 10% 的购买力，

但你将获得 110% 的快乐。

与之相比，

你的损失微不足道。

宝贵的人生建议

学习的
最好方法是，
试着把你会的东西
教给别人。

⸺

每当要在正确和善良之间
做出选择时，
你都要毫无例外地选择善良。
不要把善良和软弱混为一谈。

⸺

我们缺少成长的仪式感。
当你的孩子达到法定成年年龄，
即 18~21 岁时，
举办一场令人难忘的家庭仪式。
那一刻将会成为
他们人生中重要的试金石。

在谈判中获得对方同意的
最佳途径是，
要真正理解，
同意对对方意味着什么。

宝贵的人生建议

伟大的秘诀:
每年变得比去年好一点点,
年复一年。

画画能画出你看到了什么。
写作能揭示出你的所思所想。

每当你无法选择走哪条路时,
选择那条能带来改变的路。

结账最快的队

是人最少的队，

不管他们的购物车里装了多少东西。

你可以选择今天不生气。

与灵感相比，习惯要可靠得多。

通过养成习惯来取得进步。

不要把注意力集中在如何塑形上，

而是要坚持锻炼。

宝贵的人生建议

如果你是房间里最聪明的人，
那么你走错了房间。
和比你聪明的人在一起，
向他们学习。
更好的做法是：
找到意见
与你不一致的聪明人。

在相信不寻常的说法之前，
要求对方拿出
极具说服力的证据。

对话中的"第三法则":
要问出真正的原因,
要让对方在初次陈述的基础上
更进一步,
连续这样要求对方三次,
第三次回答,
是最接近真相的回答。

专业人士犯的错误
和非专业人士一样多,
他们只是学会了
如何优雅地改正错误。

宝贵的人生建议

不要做最好的。

做唯一的。

每个人都害羞。

其他人在等你

做自我介绍;

他们在等你

给他们发邮件;

他们在等你

约他们出去。

不要犹豫,去做吧。

你越对别人感兴趣,

别人就越觉得你有趣。

要让自己变得有趣,

就要先对别人感兴趣。

别人拒绝你时,

不要觉得被冒犯。

想想看,他们和你一样:

诸事繁忙,心烦意乱。

过段时间再尝试。

第二次请求成功的概率,

高得惊人。

宝贵的人生建议

养成习惯的好处是，

在行动时，

不必再进行内心的权衡。

不再消耗能量去思考

是否要做这件事。

你只管去做。

好习惯很多，

从说真话到使用牙线。

准时代表着尊重。

年轻时,

至少花半年到一年时间,

尽可能俭朴地生活,

拥有的东西越少越好,

住在小房间或帐篷里,

吃豆子和米饭。

这样,当你未来不得不冒险时,

你就不会害怕"最坏"的情况。

相信我:

并不存在"他们"。

宝贵的人生建议

关注小事。
更多的人不是被高山打败,
而是被脚上的水疱打败。

作为领导者,
要让别人知道
你对他们的期望,
这种期望可能超过
他们对自身的期望。
为他们提供一个
能让他们进阶的声誉。

如果你寻求别人的反馈，

你会得到批评。

但如果你寻求建议，

你会得到一个搭档。

"黄金法则"[1]永远不会让你失望。

它是一切美德的基础。

---

1 黄金法则指"你希望他人怎样待你，你也要怎样待他人"。
——译者注

宝贵的人生建议

要想把一件事情做好，

去做就是。

要想做到卓越，

就要重复做，

日复一日地做。

要打造精品

就要执着地做下去。

说句实话：

欺骗一个诚实的人是很难的。

思考时，

散步

或在本子上写写画画，

能让你打开思路。

思考，

不止用大脑。

⸺

开始，

购买你能找到的最便宜的工具。

升级那些你常用的工具。

如果你最终在工作中使用某种工具，

购买你买得起的最好的。

宝贵的人生建议

缩减任务清单的方法是
问自己:
"假如这件事没做成,
将会发生的最坏的情况是什么?"
删除其他任务,
只留下那些预防灾难发生的任务。

穿过一个可能禁止你通行的地方,
你要表现得轻松自如,
就像你本属于这里。

Excellent Advice for Living

对自己犯的错误承担责任，

是提升一个人境界的最好方式。

如果你把事情搞砸了，

就坦率承认。

勇于承担责任，

你会变得无比强大。

怨恨是一种诅咒，

它不会影响对方，

只会伤害自己。

放下怨恨，

就像它是毒药。

宝贵的人生建议

不要只因为薪水高
就接受一份工作。

你可以专注于服务用户，
也可以专注于打败竞争对手。
两种做法都有效，
但专注于服务用户将让你走得更远。

"不"是一个可以接受的回答，
即使是没有理由的"不"。

把"创造"和"改进"

这两个过程分开。

你不能

边写作边编辑，

边雕刻边打磨，

边制作边分析。

如果你这么做，

编辑就会阻遏创造。

发明时，不要选择。

画草图时，不要检查。

写初稿时，不要反思。

一开始，

创造性思维必须是自由的，

不受评判的干扰。

宝贵的人生建议

如果没有出现偶尔跌倒的情况，
那么你还没放开手脚。

也许宇宙间最反直觉的真理是：
你给予的越多，你得到的就越多。
理解这一点，是智慧的开端。

保持在场。
99% 的成功只是在场而已。
事实上，大多数成功只是坚持。

朋友胜过金钱。
金钱能做到的几乎所有事,
朋友都可以做得更好。
在很多方面,
朋友有船,
胜于自己有船。

⋅ ⋅ ───

一个东西不见的时候,95% 的情况下,
它就藏在上次出现的地方触手可及的范围。
以此为半径,
搜索附近所有可能的地方,
你就会找到它。

⋅ ⋅ ───

宝贵的人生建议

一次度假 + 一场灾难 = 一场冒险。

不要着急。
着急时,
你更容易被欺骗
或者被操纵。

宽恕,就是接受
那个你永远得不到的道歉。

要培养一种习惯，

把你的习惯语言，

从"我做得到还是做不到"

变成"我做还是不做"。

这样你就转移了重心，

从摇摆不定的选择，

转移到了拥有坚定的自我。

慷慨一些，再慷慨一些。

没有人在临终时后悔给予太多。

做墓地里最富有的人

没有任何意义。

宝贵的人生建议

你需要老师、父母、
顾客、粉丝和朋友，
因为他们会早于你看到
你将成为什么样的人。

我们有无限的改进空间。
"更好"是没有上限的。

做好准备：

当一项大型工程

完成 90% 的时候，

最后的细节，还需要花 90% 的精力。

盖房子和拍电影，

都以有两个 90% 而闻名。

趁你还不老，尽可能多参加葬礼，

听听人们对逝者的评论。

没有人谈论逝者的成就。

人们只会记住，在取得成就的过程中，

你是一个什么样的人。

宝贵的人生建议

任何真实存在的东西

都始于一种猜测性构想。

因此,想象力是宇宙间最强大的力量。

你可以提高自己的想象能力。

这是一项独特的生活技能——

忽视别人都知道的东西,

却能让你受益。

危机袭来时,

不要浪费。

没有问题,

就没有进步。

你绝不会真的想要出名。
随便找一个名人的传记读一下，
你就知道了。

度假时，先去你行程上
最偏远的地方，
略过普通城市，
最后回到大城市。
偏远地区的另类风情，
将带给你最大的震撼，
而在回来的路上，
你会喜欢繁忙的城市中熟悉的便利。

宝贵的人生建议

当有人邀请你

在未来做某件事时，

问自己：我愿意明天就做这件事吗？

用这个标准筛选一下，

很多承诺都可以立即过滤掉。

如果你有什么关于别人的话，

不好直接对别人说，

那也绝不要在电子邮件里说，

因为这些话最终会传到他们耳朵里。

如果你求职的主要原因,

是你需要一份工作,

那么你只不过是

老板面临的另一个问题;

如果你能解决

老板目前面临的很多问题,

老板就会聘用你。

要想得到工作,

就从老板的角度去思考。

伴随着请求而来的赞美,

不是赞美。

艺术，就在你忽视的地方。

获得物质很难给你带来深度满足，
但获取经验可以。

你是什么样的人，取决于你做什么。
不在于你说什么，
不在于你信什么，给谁投票，
而在于，
你把时间花在什么上面。

探索的"第七法则":
如果你愿意多往下追问七个层次,
你就可以弄明白任何事。
如果你问的第一个人不知道,
问对方,你接下来该问谁,以此类推。
如果你愿意一直追问下去,找到第七个人,
你就几乎总能得到答案。

要获得幸福,
哪怕只是片刻的幸福,
你可以赞美一位陌生人
做过的一件事。

宝贵的人生建议

当有人对你恶毒、憎恨、刻薄时，
你就把他们的行为看作一种病。
这样你就更容易与他们共情，
缓和冲突。

清除杂物，
为你真正珍惜的东西留出空间。

绝不要在电话里回应请求或建议。
急迫的请求，是披着外衣的骗局。

经验的价值往往被高估。
大多数突破性成就
是由新手实现的。
因此在招聘时,
要看应聘者的资质和态度,
接下来再培训他们掌握技能。

如何道歉?
要迅速、具体、真诚。
不要找借口,
那会把道歉搞砸。

宝贵的人生建议

觉得自己需要理发时,
就去理,
不必询问理发师。
关注你自己的动机。

小时候你的古怪之处,
能让你在成年后变得了不起
——假如你没有失去它。

如果你不知道自己的激情所在,

那么一味追逐幸福,

最终只会让你失去动力。

对大多数年轻人来说,

更好的道路是先掌握一项技能。

在学习技能的过程中,

你就可以拥有一种视角,

并从容地找到自己的幸福所在。

要让一群人

或者一个醉汉安静下来,

只需要轻声耳语。

宝贵的人生建议

当你借出某个东西时，
就当你是在送礼。
如果对方还了，
你就会感到惊喜和快乐。

无论在什么年纪，
你都可以问自己：
"为什么我还在做这件事？"
对这个问题，
你需要进行很好的回答。

阳台或门廊至少需要两米长，
否则你不会用它。

· · ———

当你用健康的人际关系
取代交易关系时，
生活就会变得更好。

· · ———

长期持续小额投资
可以创造奇迹，
但没人愿意慢慢变富。

· · ———

宝贵的人生建议

最重要的事，就是始终把最重要的事，
当作最重要的事。

当你拿不准给多少小费时，就多给一点。

要培养坚强的孩子，
就要准确地说出你家的独特之处，
强化孩子对家庭的归属感。
要让孩子能够自豪地说，
"我家就是这样的"。

如果你不为过去的自己
感到难堪，
你就可能还没有长大。

在内部争吵中，
不要用"你"这个字。

如果你担心一次搬不动，
就帮自己一个大忙，
搬两次。

宝贵的人生建议

长期而言,

未来是由乐观主义者决定的。

成为乐观主义者,

不意味着必须忽视

我们制造了多少问题。

你只需要想象,

我们解决问题的能力

能有多大的提升。

学习如何心安理得地

小睡 20 分钟。

不要让别人的紧急事项

成为你的紧急事项。

事实上，不要受制于任何急迫感。

聚焦于重要的事情。

急迫性是暴君。

重要才是王道。

不要被急迫感挟制！

自相矛盾的是，世界上最邪恶的事，

正是那些真正相信自己

在与邪恶做斗争的人干的。

面对邪恶时，要对自己格外警惕。

宝贵的人生建议

不要等到给别人写悼词的时候，
才给予别人最真诚的赞美。
在他们还活着的时候
就赞美他们，
才有意义。
把赞美写在信里，
以便他们保存。

恐惧是因为缺乏想象力。
恐惧的解药不是勇敢，
而更可能是想象力。

好好培养员工,

让他们具备找到

下一份工作的能力。

但也要善待员工,

让他们永远不想

换工作。

当失败在你预料之中时,

那就不是失败。

宝贵的人生建议

超级英雄和圣人
从不从事艺术创作。
只有不完美的人
才能创作艺术,
因为艺术始于残缺。

· · ———

如果有人试图让你相信
那不是金字塔骗局,
那就是金字塔骗局。

· · ———

不要为赚钱而创造；

要赚钱

来支持创造。

工作做得好的回报，

是更多的工作。

如果你发现一扇门，

把门保持原样地

留给后来者。

宝贵的人生建议

100年后，
很多我们现在视为正确的事，
都会被证明是错误的，
甚至可能错得令人尴尬。
今天你可以问自己一个好问题：
"我对什么事的认识可能是错的？"
这是唯一值得担忧的事。

学习如何打布林结。
在黑暗中，用一只手练习。
在余生里，你用到这个结的次数，
将超出你的预想。

Excellent Advice for Living

做没有人能看明白的事情,

能带来最大的回报。

如果有可能,

就去做一些还没有名字的工作。

在通往宏伟目标的道路上,

庆祝那些最小的胜利,

就像每一个小胜利都是最终的目标一样。

这样,

无论征程在哪里结束,

胜利都将属于你。

宝贵的人生建议

对除了爱情之外的所有事情，
一开始都要制定退出策略。
为结局做好准备。
几乎所有事都易进难出。

••————

不要试图让别人喜欢你，
要让他们尊重你。

••————

成熟的基础：
那不是你的错，不代表那不是你的责任。

••————

产生一个好主意,

需要先有很多坏主意。

预测未来之所以难,

在于你要忘记对未来的预期。

背后称赞别人,

最终将惠及你自己。

宝贵的人生建议

大多数一夜之间取得的成功,
都需要至少五年的努力,
事实上,任何重大成功都是如此。
明白这一点,
你就知道如何规划你的生活了。

祖父母的任务是做好祖父母,
而不是做父母。
在父母家,
按父母的规矩办。
在祖父母家,
按祖父母的规矩办。

你并不需要更多时间,

因为你已经拥有了你的所有时间;

你需要的是更专注。

∵ ——

愚人最终做的事,

聪明人一开始就做过。

∵ ——

要让婚姻幸福,

就双方轮流说了算。

∵ ——

宝贵的人生建议

如果你对某个东西的成本

毫无概念，

就表明

你买不起它。

•· ⸺

每个人的时间都是有限的，

每个人的时间都在不断减少。

你能用钱获得的最高杠杆，

就是买别人的时间。

在可能的情况下，

要聘请员工，

外包工作。

•· ⸺

对侮辱的最好回答是："你可能是对的。"
他们往往可能是对的。

• •————

无论谁以何种理由要求你提供账户信息，
你都要先假定对方是在欺诈，
除非能证明对方的清白。
证明对方清白的途径是给他们回电话，
用你而不是他们提供的号码或网站
登录你的账户。
当他们通过电话、短信或电子邮件
与你联系时，不要泄露任何身份信息。
你必须掌控沟通渠道。

• •————

宝贵的人生建议

恐惧让人做蠢事,
所以不要相信人们在恐惧中
做出的任何事。

严以律己,宽以待人。
反之,则人人如身处地狱。

如果你不刻意寻求他人的认同,
你就拥有无限力量。

你热爱从事的事应该完全适合你，
但你的人生目标应该超越你。
要为远远超越自我的事业而努力。

当一个孩子
没完没了地问"为什么"时，
最聪明的回答是：
"我不知道，你觉得是为什么？"

宝贵的人生建议

成功的秘诀：
少做承诺，多做实事。

•• ———

给我看看你的日程表，
我就知道
你优先考虑什么。
告诉我你的朋友是谁，
我就知道
你将成为什么样的人。

•• ———

当与他人头脑风暴、

即兴创作、

临时合作时,

能扩展交流广度和深度的做法是:

你在每次发言时,

都用"是的,而且"

援引一个令人愉悦的例子,

而不是用"不,但是"

给人一个令人泄气的回答。

工作是为了成就自己,

而不是获取利益。

宝贵的人生建议

审视别人的弱点很容易，
反思自己的弱点很难，
但后者的回报要高得多。

年轻时，
结交比你年长的朋友；
年老时，
结交比你年轻的朋友。

当你弄明白

你的人生使命是什么时，

你将完成你的人生使命。

你的目标是发现自己的目标是什么。

这不是一个悖论。

这就是人生之路。

使用锋利的东西时，

始终与之保持距离。

宝贵的人生建议

冷静会传染。
保持冷静，就是帮助他人。

当别人告诉你什么地方出问题时，
他们通常是对的。
当他们告诉你如何解决问题时，
他们通常是错的。

你最近一次改变是在什么年纪，
你就是多少岁。

请求搭车时,

让自己显得

与对方是相似的人。

值得反复提醒的是:

三思而后行。

宝贵的人生建议

金钱的重要性是被高估的。

创造真正的新事物,

通常并不需要很多钱。

否则新发明将由亿万富翁垄断,

而实情并非如此。

相反,几乎所有突破

都是由缺钱的人创造的。

假如用钱就能买到突破,

富人为何不买呢?

相反,

发明新事物需要的是

激情、坚持、信念和独创性。

穷人和年轻人往往富于这些品质。

保持饥饿感。

如果你不能确定自己迫切需要什么，
你迫切需要的也许是睡觉。

不要管别人怎么看待你，
因为他们根本没看你。

每天写下一件
你感恩的事，
这是有史以来最便宜的疗愈法。

宝贵的人生建议

如果你遇到一个浑蛋,忽略他。
如果你每天到处遇到浑蛋,
那么你需要更深入地审视自身。

・・――――

通过改变行为来改变想法,
比通过改变想法来改变行为
要容易得多。
你寻求什么样的改变,
就将其付诸行动。

・・――――

如果你觉得自己看到了一只老鼠，
那就是有一只老鼠。
如果有一只，就说明不止一只。

■・━━━━━

不要担心如何开始，
或者从哪里开始。
只要持续前进，
成功终将到来，
到时你已远远超越
自己的出发点。

■・━━━━━

宝贵的人生建议

不要按掉闹钟。
那只会让你养成睡过头的习惯。

如果你问别人
"你睡得怎么样?",
而不是"你好吗?",
你将学到更多。

一般而言,
不必要时无须多言。

每次与人交流时，
别忘了送上祝福；
这样当你带着
问题找他们时，
他们会乐于帮助你。

⸺

即使在热带地区，
夜晚也会意外地凉。
穿得暖和些。

宝贵的人生建议

任何有价值的事

都需要无尽的工作。

你无法给工作设定上限，

所以你必须给工作时间设限。

你唯一能管理的

是时间，

而不是工作。

如果某人愚蠢的信念让你感到厌烦，

不妨更深入地了解

他为什么有这样的信念，

以减轻烦恼。

现在就是发明创造的最好时机。
20 年后最伟大、最酷的发明，
现在都还没发明出来。
你并不算晚。

如果你想超越你心目中的英雄，
那就放下自尊心，
像学生一样模仿他们，
直到你能超越他们。
这是所有大师的成功之道。

宝贵的人生建议

万事不必完美才精彩。

特别是婚礼。

当你陷入困境时,

睡一觉。

当你睡觉时,

把问题交给你的潜意识。

第二天早上你就会得到答案。

无论财富、

人际关系还是知识，

生活中那些最大的奖赏，

都来自

神奇的复利，

即微小的、稳定的收益不断放大。

要实现富足，

你所需的不过是，

持之以恒地让投入比减损大 1%。

想吃什么甜点就去吃，

但记住，只能吃三口。

宝贵的人生建议

对待他人的标准不是他们有多坏，而是你有多好。

· ·

儿童完全接受，而且渴望家庭规则。
父母在制定家庭规则时，
只需要给孩子一个理由：
"我们家对某事有一个原则。"
事实上，
当你制定自己的个人原则时，
你也只需要一个理由：
"我对某事有一个原则。"

· ·

拧螺栓或螺钉时，记住：
向右是拧紧，向左是拧松。

• • ———

坏事可能飞速发生，
但几乎所有好事都是慢慢展开的。

• • ———

人类并不是身体承载着灵魂，
而是灵魂被赋予一个身体，
这个身体不是由我们选择的，
但我们必须照顾好它。

• • ———

宝贵的人生建议

如果你只有目标
而没有实现目标的计划，
那目标就只是一个梦。

做一个好祖先。
做后代子孙会感谢你的事。
举个简单的例子：种一棵树。

一场演讲，
听众至多只能记住三个要点。

人们之所以做不出

最伟大的突破，

是因为，

这些任务看起来

真的很辛苦。

要不同凡响，

就需要读书。

宝贵的人生建议

有限的游戏,

关乎输赢。

无限的游戏,

则让游戏继续下去。

去玩那些无限的游戏,

因为无限的游戏

能带来无限的回报。

要想成功,

就要让别人给你钱;

要想富有,

就帮助其他人成功。

改变世界的是你的行为,
而不是你的观点。

能轻松用钱解决的问题
不是真正的问题,
因为解决办法显而易见。
把注意力集中在那些
没有显而易见的
解决办法的问题上。

宝贵的人生建议

你遇到的每个人
都对某个问题有惊人的见解，
而那个问题正是你的盲点。
你无法轻松地发现那个问题是什么，
你的任务就是去发现它。

培养一种对平庸的厌恶感。

要对抗一个对手，
不妨成为他的朋友。

当你买股票时,

卖股票的人对股票的估值,

低于你的估值。

当你卖股票时,

买股票的人对股票的估值,

高于你的估值。

每当你准备买卖股票时,

问自己:

"我掌握什么对方不掌握的信息?"

你不是与一个人结婚,

你是与一家人结婚。

宝贵的人生建议

善待你的孩子,

因为以后是他们为你选择养老院。

⋆ ⋆ ──────

在大约 99% 的情况下,

正确的时机就是当下。

⋆ ⋆ ──────

所有的枪都是上了膛的。

⋆ ⋆ ──────

培养 12 个爱你的人，

因为他们的价值

超过 1200 万个喜欢你的人。

总是快速地给予赞扬，承担责任。

凡事都要有节制，除了你热爱的事。

选择几项让你痴迷的兴趣爱好。

事实上，要全面节制，

以便你能全情投入地去做热爱的事。

宝贵的人生建议

管理自己时用脑,

管理他人时用心。

跳舞时要运用臀部力量。

不要让你的电子邮箱

成为由别人

管理的任务清单。

拆解一团乱麻的最好方法不是去"解",
而是不断地拉扯。
把这团乱麻扯得越大、越松、越开越好。
当你把纠缠的结拉开时,问题就迎刃而解。
无论绳索、软管、纱线还是电线,
都可以试试这个方法。

对待一件简单的事,
几乎任何一件事,你都可以极度认真。
把它看作世界上唯一的一件事,
也许可以认定全世界就系于这一件事,
只需要认真对待这件事,你就可以点亮天空。

宝贵的人生建议

制作任何东西,
都要额外多做一些准备,
比如额外的
材料、零件、空间、装饰。
这些额外的东西是
应对错误的保障,
能减轻压力,
防范未来的风险。
这是最便宜的保险。

没有人像你一样
在意自己的东西。

永远不要为
你不想成为的人工作。

世上没有秘密。
最好直接
把不受欢迎的消息告诉别人。
纸包不住火,
秘密不可避免地会被传播。
同时,
所有掌握秘密的人,
都会被秘密腐蚀。
不要探听秘密。

宝贵的人生建议

不断膨胀的宇宙

丰富而充盈。

它是如此丰富，

往往只有做减法，

才能改进。

一直做减法，

减到不能减为止。

最终的状态应该是你需要更多，

而不是还要减少。

找出一天中你效率最高的时间段，

并保护好那段时间。

经历是有趣的,

影响力能带来回报,

但只有有意义的事,

才能让我们快乐。

做有意义的事。

伟大与短期优化

是水火不容的。

取得伟大的成就,

需要目光长远。

用更长远的目光,

来提高你的目标。

宝贵的人生建议

大多数美妙的事，

如果太频繁地重复，

就会变得平淡无奇。

一生仅一次，

往往是最佳的频率。

当你打开油漆罐时，

即使只打开一点点，

无论多么小心，

油漆也总是会溅到你的衣服上。

所以此类场合下，

穿颜色与之相似的衣服。

一开始，你必须勤谨地遵守规则，
这样你才能有效地打破规则。

· · ————

如果你停下来，
听音乐家或街头表演者
演唱超过一分钟，
你就应该给他们一美元。

· · ————

学习概率和统计，
远比学习代数和微积分有用。

· · ————

宝贵的人生建议

如果在游戏中,获胜变得过于重要,
就要修改游戏规则,
让游戏变得更有意思。
修改规则本身,
可以成为新的游戏。

最好的老师叫"做"。

你在"但是"之前说的所有的话,
都不重要。

礼貌是没有成本的。

借了东西,

还时要洗干净。

上完厕所后,

把马桶座圈放下来。

前面的车并线时,

要礼让。

购物车用完后,

放回指定区域。

等电梯里的人出来后再进电梯。

这些礼貌是没有成本的。

宝贵的人生建议

双方争执时,

找到第三方。

• • ———

努力,

无论锻炼、陪伴还是工作,

重要的不是数量,

而是坚持。

坚持每天做一点,

比什么都强,

这比你偶尔一为重要得多。

• • ———

当你领导时，

你真正的工作是

培养更多领导者，

而不是更多追随者。

挖掘出学生的所有能量，

是老师的职责，

学到老师的所有一切，

是学生的职责。

宝贵的人生建议

效率的重要性被大大高估。

闲散的重要性被大大低估。

任何工作要取得顶尖的业绩，

定期安排的学术休假、

假期、休息、漫无目的的散步，

都是必要的前提。

最好的职业伦理，需要良好的休息伦理。

说话时要自信，

如同你是对的，

倾听时要仔细，

如同你是错的。

效率往往会让人分心。

不要想着用更好的方法

尽快完成任务,

而要想着找到更好的、

让你乐此不疲的任务。

旅行的乐趣

与行李的多少成反比。

在背包旅行中,这是绝对正确的。

如果能意识到

真正需要的东西非常少,

那会让你很解脱。

宝贵的人生建议

找出资人要钱,

他们会给你建议,

但如果你要的是建议,

他们会给你钱。

我们告诉自己的最大谎言是:

"我不需要写下来,因为我能记住。"

私下批评,

公开表扬。

不要总犯同样的错误，
试着犯些新错误。

作为一个成熟的人，
衡量你成长的尺度是，
你愿意进行多少令人不舒服的谈话。

简便的测量方法：
你张开双臂时，
两个指尖之间的距离大致就是你的身高。

宝贵的人生建议

不要在深夜买任何东西。

你需要买的任何东西，

都可以等到第二天早上再买。

当你有好消息和坏消息时，

先说坏消息，

因为我们通常更多记得事情的结尾，

而不是事情的开头。

所以要先抑后扬，

把好消息放在后面说。

给供应商、工人和承包商付钱，
一定要马上付清。
如果你这么做，
他们下次会
特别积极地先与你合作。

在任何谈判中，
你都应该说出
最有力的一句话：
"你能给出更好的条件吗？"

宝贵的人生建议

你需要三种能力：

在事情成功之前，

不放弃的能力；

放弃无效事物的能力，

信任他人，

帮你区分这两者的能力。

对你的家庭来说，

最好的良药是：

经常在一起吃饭，

不开电视。

没有"准时"这回事。

要么你迟到了，

要么你早到了。

这是你的选择。

艺术创作不是自私的，

是为其他人服务的。

如果你的创作

不表达真实的自己，

你就是在欺骗我们。

宝贵的人生建议

在真正的求生环境中，

你不吃东西可以活三周，

不喝水可以活三天，

但若失温或暴热，

你只能活三小时。

所以不要担心食物。

注意温度和水。

· · ———

当你犯错误时，

要飞快地比受委屈的人更严厉地

惩罚自己。

令人意外的是，这可以缓解他们的愤怒。

· · ———

学习如何在独处时不孤独。
独处是创造力涌现的必要条件。

当你想放弃时,
再做五个:
五分钟,五页,五步。
然后再做五个。
有时你可以突破并继续前进,
但即使在未能突破的情况下,
你也多做了五个。
告诉你自己,明天可以放弃,
但今天不行。

宝贵的人生建议

绝不要问别人有没有怀孕。
让她们自己告诉你。

※ ————

在诸事不顺的
日子里做什么，
比在顺风顺水的
日子里做什么，
要重要得多。

※ ————

问问你崇敬的人就会知道,
他们幸运的突破往往发生在
他们偏离主要目标而
绕道的时候。
所以要拥抱弯路。
对任何人来说,
生活都不是一条直线。

要变得富有,
不需要赚更多钱;
首先要做的是,更好地管理
已经赚到的钱。

宝贵的人生建议

对听众演讲时，要经常停顿。

在你用一种新方式讲述某件事之前，

停顿一下，

说完你觉得重要的内容之后，

停顿一下。

停顿是让听众放松一下，

品味一下细节。

在互联网上

获得正确答案的最好方式是：

贴一个明显错误的答案，

然后等着别人纠正你。

褒奖好行为,

而不是惩罚坏行为,

结果会好十倍,

特别是在

教育儿童和训练动物时。

花和写电子邮件内容

同样长的时间,

精心设计邮件的主题,

因为人们往往不读内容,

只看主题。

宝贵的人生建议

在查看求职者的推荐信时，
他们的前任雇主可能不便
给出负面评价，
所以你可以给雇主这样留言：
"如果你强烈推荐这位申请人，
认为他非常优秀，
请给我回信息。"
如果他们没有回复，
那就把这当作一个负面评价。

不要坐等风暴过去，
在雨中起舞吧。

创造一些人们值得拥有的东西。

—— · · ——

住酒店时,
把所有东西都放在显眼的地方,
或集中在一起,不要放在抽屉里。
这样你走时就不会落下任何东西。
如果你需要把某个东西放在一边,
比如充电器,
那就在它旁边
放两个别的大件物品,
因为你一下子落下
三件东西的概率较低。

宝贵的人生建议

拒绝或回避赞美

是不礼貌的。

带着感谢接受赞美,

即使你认为

你不配得到这份赞美。

● ● ● ————

参观名胜古迹时,

一定要读

旁边牌子上的介绍文字。

● ● ● ————

获得某种成功时，

你可能真的会觉得自己是个

冒名顶替者。

你会想："我在骗谁？"

但当你用你独特的

才能和经验

创造出特别的东西时，

你绝对不是冒名顶替者。

你是天选之子，

注定要完成那些

只有你能达成的使命。

宝贵的人生建议

自驾游时，

要让小孩听话，

你可以带一包他们最喜欢的散装糖果，

当他们行为不端时，

你就往窗外扔一块。

请人完成某项任务时，

如果你不知道该付对方多少钱，

可以这么问：

"你觉得公平的价格是多少？"

他们回答的价格通常就是公平的价格。

房地产的总体策略是,

购买最好街道上

最差的房产。

聪明的人,

不会只为了金钱而拼命工作。

你所受的教育

一半在于学习可以忽略什么。

宝贵的人生建议

如果你做的事情要躲着别人
可能对你没好处。

· · ———

当你需要做出
极度精准的切割时,
不要试图一次到位。
相反,
先大致切一下,
然后一点点地修理,
直到完美。
专业制造者称此为"蠕升",
即缓慢达到精确的尺度。

· · ———

让他人觉得自己很重要；

这将让他们开心，

也将让你开心。

― ― ―

不断寻找

观点的交集，

并停在那里。

这时分歧

将处于边缘。

― ― ―

宝贵的人生建议

每种产品的 90% 都是垃圾。
如果你觉得自己不喜欢歌剧、爱情小说、
抖音、乡村音乐、素食、NFT[1]，
你可以继续尝试，
看看能不能找到那精华的 10%。

· · ————

如何对待那些对你没有一点用的人，
将成为评判你的标准。

· · ————

1　NFT 指非同质化代币。——编者注

我们往往高估

一天能完成的事，

而低估十年能取得的成就。

拿出十年来，

你可以成就

不可思议的奇迹。

坚持长期主义，

积小胜为大胜，

即使犯了大错误，

也可以慢慢改正。

宝贵的人生建议

让别人知道

你记得他们的名字，

这样他们就绝不会忘记你的名字。

记住名字的诀窍是

第一次听到时就在心里重复几遍。

最好的工作

是一个你不够格的工作，

因为它会迫使你挖掘潜力。

事实上，

要只去应聘那些

你不够格的工作。

你可以成为

你想成为的任何人，

所以，

做那个早早结束会议的人。

买二手书。

二手书的内容和新书一样。

去图书馆也是一样。

宝贵的人生建议

智者说：在说话之前，

让你的话经过三道门。

在第一道门，问："这是真的吗？"

在第二道门，问："是必须说的吗？"

在第三道门，问："是出自善意吗？"

•·——

"我现在应该做什么？"

要回答这个问题，

唯一有效的方式，

是先解决另一个问题：

"我应该成为什么样的人？"

•·——

登上飞机,

到达酒店客房,

或者开始一份新工作时,

先确定紧急出口的位置。

这只需要一分钟。

最好的投资建议:

追求平均的回报,

持有超过平均水平的时间,

这将创造非凡的结果。

买入并持有。

宝贵的人生建议

走楼梯。

你真正为某个东西付出的钱,
可能是标价的两倍,
因为你需要精力、时间和金钱,
来安装、学习、维护、修理,
用完还要处理掉,
这些都有成本。
标签上的价格
并不代表全部。

如果一名年龄小的
学生学习吃力，
你要做的第一件事：
检查他的视力。

对粗鲁的陌生人
彬彬有礼，
会让他惊奇。

宝贵的人生建议

如果删除

文稿的第一页,

大多数文章和报道的

质量都会大大改善。

要开门见山。

如果你相信每个人最好的一面,

那么偶尔被骗,

只会付出微小的代价,

因为当你相信别人最好的一面时,

他们通常待你最好。

一个不太聪明但擅长沟通的人，

可能比一个很聪明

但不擅长沟通的人，

做得好得多。

这是好消息，

因为提升沟通技巧，

比提升智力容易得多。

○ ● ────

当你自问"我的好刀在哪里"

"我的好笔在哪里"时，你要留意。

这意味着你有不好的刀和笔。

把不好的东西清除掉。

○ ● ────

宝贵的人生建议

要想把子女教育好，
可以把你准备花的钱削减一半，
但把陪伴孩子的时间增加一倍。

不要戴一顶比你更有个性的帽子。

往前看，关注方向，
而不是目的地。
保持正确的方向，
就会抵达你想去的地方。

被认可,即艺术。

· · ———

回到家乡时,
购买最新的当地旅游指南。
每年把自己当一回游客,
你将有很大收获。

· · ———

要脱颖而出,
就要感谢让你的生活
发生变化的老师。

· · ———

宝贵的人生建议

购买花园水管、电源延长线或梯子时，
它们应当比你觉得你需要的长度
长得多。
那将是正确的尺寸。

・・————

当你陷入困境时，
向别人解释你的问题。
通常只需要把问题阐述清楚，
解决方案就会浮出水面。
让"解释问题"
成为解决难题的过程的一部分。

・・————

不要排队去吃某个有名的美食。
它通常不值得
你花这么长的
等待时间。

当被介绍给某人时，
要与对方进行眼神交流，
并数到四，
或者对自己说："我看到你了。"
你们将记住彼此。

宝贵的人生建议

只需要向团队成员表示
你欣赏他们，
你的团队就能取得重大的成就，
这些成就是你一个人无法企及的。

做一个专业人士。
备份之后还要再备份。
至少要有一个物理备份和一个云端备份。
每一种都要多个备份。
如果你丢失了数据、照片或笔记，
你愿意付多少钱找回来？
与后悔相比，备份是廉价的。

要想取得世俗的成功,

可以做一些奇怪的事。

让你的怪异成为一种习惯。

你的时间和空间是有限的。

那些不能再给你

带来快乐的东西,

要移走、送人、扔掉,

给能给你

带来快乐的东西

腾出时间和空间。

宝贵的人生建议

在发出紧急信号时,
使用"三次法则":
三次呼喊,按三次喇叭,
或者吹三次哨子。

不要拿别人的外在
与你的内在做比较。

探索还是优化？

你会优化你知道畅销的东西，

还是探索新品？

在餐厅吃饭时，

你会点你确定很好吃的菜（优化），

还是尝试新菜品？

你会不断约会新对象（探索），

还是会一直守着遇到的人？

探索与优化最好维持 1∶2 的平衡。

花三分之一的时间去探索，

花三分之二的时间去优化、深化。

随着年龄的增长，你将越来越难以投入时间去探索，因为这看起来没有收获，但你仍要争取付出三分之一的时间去探索。

宝贵的人生建议

有时,

第一个想法是最好的,

但通常第五个想法才是最好的。

排除那些

显而易见的想法。

试着给自己一个惊喜。

⁘────

别费力气与旧事物斗争,

只管建设新事物。

⁘────

真正的好机会

不会把"好机会"三个字

写在标题里。

• • ————

当有人跟你谈论

人类历史的巅峰时期时,

那个时候一切都好,

然后就开始走下坡路,

那一年往往是他们十岁的那一年

——那是人的生存状态的巅峰。

听他们说话时,

你要记住这一点。

• • ————

宝贵的人生建议

刚认识一个人时，
要迅速发现他真实的性格，
可以观察他
在网速极慢时会怎么做。

在准备长途徒步旅行时，
不管什么样的旧鞋都优于
任何类型的新鞋。
不要用长途徒步来磨合新鞋。

谈判时,

不要追求得到更大的蛋糕,

而要追求把蛋糕做大。

多大的事情让你生气,

决定了你的格局有多大。

你只看到了别人的 2%,

别人只看到了你的 2%,

根据那隐藏的 98% 来做调整。

宝贵的人生建议

我们的后代取得的成就

将令我们惊异。

但只要我们有想象力，

用今天的材料和工具，

在一定程度上，

我们也能取得他们的成就。

要敢于想象。

要多做对他人来说是工作、

对你来说像玩儿一样的事。

如果你想做成一件事，
就交给忙碌的人去做。

要记住，即使你预期的
修复工作花的时间，
将三倍于预计时间，
最终花的时间，
还将是你预期的三倍。

宝贵的人生建议

模仿他人,

是一个很好的起点。

模仿自己,

是一个令人失望的终点。

如果你把今天做的事

重复 365 次,

你能指望一年后

达成你想要的目标吗?

应聘新工作时，

谈判薪水最好的时机，

是在对方接受你之后，

而不是之前。

到时就会上演一场"胆小鬼博弈"，

双方都不想先说出一个金额，

让对方先给出一个数字

对你有利。

要注意

你把注意力放在哪里。

宝贵的人生建议

要获得最大的效果，

就要聚焦于你最大的机会，

而不是你最大的问题。

每一个突破

初看时都是可笑、荒谬的。

事实上，

如果一开始不显得可笑、荒谬，

它就不是突破。

经常给孩子读书
是他们能受的最好的教育。

如果你在 25 岁之前不吸烟，
你可能终生都不会吸烟；
如果你在 25 岁之前吸烟，
你可能终生都不会戒烟。

宝贵的人生建议

有多少人不欣赏你或你的工作
并不重要。
有多少人欣赏,
是唯一重要的事情。

发生车祸后,
留在车里,
比站在路边安全得多,
因为车祸发生后,
在同一位置再发生车祸的可能性上升。

求职时要记住,

在某个地方,

有个雇主正在迫切寻找像你这样的人,

如果你出类拔萃,就更是如此。

你真正的任务是找到这样的伯乐,

不管花多少时间,

都是值得的。

人生之路上,

不要试图避免意外,

而要直面它。

宝贵的人生建议

不要在饿的时候去买吃的。

如果可以根据

你对一个问题的看法

预测出你对

另一个问题的看法，

那么你可能

受制于某种观念。

当你真正独立思考时，

你的结论将是

不可预测的。

只需要说一些鼓励的话，
你就真能让别人的生活变得更好。

当你面对一项
可以在两分钟之内完成的任务时，
立马去做。

你的信念越稳固，你就越有理由
时时质疑这些信念。
不要简单地相信你认为自己相信的一切。

宝贵的人生建议

客户抱怨时，

即使不是你的错，

也要先道歉，

然后问：

"我们可以怎么做来解决这个问题？"

要假设客户是对的，

这是企业发展需要付出的微小成本。

如果你借给别人 20 美元，

就再也见不到对方的人影了，

因为他不想还钱。

那么这个教训值 20 美元。

一种值得培养的超能力是
从你不喜欢的人那里学习。
这就是"谦逊"。
这是一种勇气,
让愚蠢、可恨、疯狂、刻薄的人
教你一些东西,
因为他们尽管有人格上的缺陷,
但他们都知道
一些你不知道的东西。

当你用信用卡租车时,
不要购买额外的保险。

宝贵的人生建议

对于你喜爱的每一件好东西，

都要问问自己，

喜爱到什么程度最合适。

∙∙————

徒步旅行者的守则：

如果你能跨过去，

就不要踩上去；

如果你能绕过去，

就不要跨过去。

∙∙————

做出明智决定的诀窍：
站在 25 年后的视角上，
评估今天的选择。
未来的你会怎么想？

要做一个有趣的人，
只需要以不同寻常的坦诚，
讲述你自己的故事。

宝贵的人生建议

对一群听众讲话时，
最好把目光集中在几个人身上，
而不是在房间里四处"扫射"。
你的眼神告诉别人
你是不是真的相信自己说的话。

每天都要有些产出，
主要是因为，
你必须抛弃很多优秀产品，
才能得到一件卓越产品。
为了更好地舍弃，你要相信还能更好，
通过持续的产出，你会明白这一点。

虽然逆境会让你学到很多,

但对你的人格的真正考验,

不是你如何应对逆境。

真正的考验是

你如何对待权力。

治愈权力迷恋的

唯一方法是谦卑,

同时承认,

你的力量来自运气。

格局小的人

自以为高人一等,

境界高的人

知道自己只是幸运。

宝贵的人生建议

专注于你喜欢的东西,
而不是一味贬损你讨厌的东西,
你会变得更好,
也会让别人变得更好。
人生短暂,
把注意力集中在美好的事物上。

分东西时,
一个人分,
另一个先选。

你很容易

被自己的成功困住。

对轻车熟路的任务说"不",

对可能失败的任务说"是"。

不快乐源自

想要别人拥有的东西。

快乐源自

想要自己已经拥有的东西。

宝贵的人生建议

带电工作时,
电压会伤人,
但电流会致命。

﹒﹒

要想广泛传播你的讯息,
遵循这个
广告人普遍
采用的公式:
简化,简化,简化,
然后夸张。

﹒﹒

注意和谁在一起时你感觉最好。
多和他们在一起。

要假设没人擅长记别人的名字。
出于礼貌，再次介绍自己的名字，
即使是对你以前见过的人：
"嗨，我是凯文。"

你在工作之外做的事，
可能成为你真正的工作。

宝贵的人生建议

你能为孩子做的最好的事
就是爱你的配偶。

· · ————

能从别人的角度看待问题,
你就能在世界上畅行无阻。
这种视角转变能带来
发自内心的同理心。
它还赋予你说服他人的能力,
这是伟大设计的关键。
掌握从他人视角看问题的能力,
可以帮你打开无数紧闭的大门。

· · ————

如果你觉得某件事不言自明，

那么你不妨把它点破，

通常这对大家都有好处。

冥想时，静坐，关注呼吸。

脑海中会浮现各种想法。

然后把注意力拉回到

呼吸上面，这时大脑就不想了。

走神了，就拉回来。

始终让注意力回到呼吸上，

而不是关注想法。

就这么简单。

宝贵的人生建议

五年后你会想,
假如当初开始行动就好了。

・・―――

如果我们把自己的烦恼
扔到地上,堆成一大堆,
当看到别人的难题时,
我们会把自己的难题一把抓回来。

・・―――

我们需要启智,
也需要修心。

・・―――

Excellent Advice for Living

你无法改变过去,

但你可以改变对过去的叙述。

重要的不是

你经历了什么,

而是你怎么对待这些事。

美好的旅行,

是向着兴趣出发,

而不是朝着一个地方前进。

找寻你的激情所在,

而不是奔向某个地方。

宝贵的人生建议

孩子犯错时，

让他自己选择惩罚方式。

他会比你更严厉。

———

在花园里，

要想种一棵 10 美元的树，

就要挖一个 100 美元的坑。

———

在人生的每个关键时刻,
都要完全接受这个问题:
"可能发生的最坏情况是什么?"
演练你对"最坏"情况的反应,
等那种情况发生时,那就会像是一场冒险,
而不至于让你裹足不前。

创作一个准备扔掉的东西。
写出一本好书的唯一方法是
先写一本糟糕的书。
电影、歌曲、家具,
任何东西,都是如此。

宝贵的人生建议

在追求崇高的目标时，

从起跑线，

而不是终点线，

衡量你的进度。

● ● ———

衣服染上污渍时，

在污渍未干时清除，

成功概率更高。

污渍干后清除难度就大了。

● ● ———

对愤怒的正确回应不是愤怒。

当你看到别人愤怒时，

你看到的是他们的痛苦。

对愤怒的正确回应是同情。

当你找到自己

真正喜欢的事时，

慢慢做，慢慢享受。

宝贵的人生建议

有攻击性的狗不会叫，
但会咬人。

即便你是一个普通人，
世界上也有一半的人
才能不如你。
虽然不是他们自己的过错，
但他们中的很多人不会处理表格、
复杂的指令或棘手的情况。
善待他们，
因为世界没有善待他们。

缺点和优点

是一体两面。

例如,

顽固和毅力之间,

勇敢和愚鲁之间,

只有微小的差别。

唯一的区别在于目标。

如果目标不重要,

那就是愚顽不化和鲁莽愚蠢;

如果目标重要,

那就是不屈不挠的毅力和勇气。

坦然承认自己的缺点,

带着你的缺点去赢得尊严,

但要确保你在坚持追求重要的事情。

宝贵的人生建议

结局几乎总是更好的事的开端。

给予，你不会变穷。

不给予，你不可能变富。

务必

尽早征求建设性的批评意见。

尽快知道问题所在。

到结束时，

你就失去了改进的机会。

为了更好地演讲，

看一段自己讲话的录像。

这会让你震惊，

也让你痛苦，

但这是一条

有效的改进途径。

能用无能来解释的，

不要归咎于恶意。

宝贵的人生建议

担忧毫无意义。

可以肯定的是,

你担心的事,

99% 都不会发生。

∵ ──────

如果一个网站的网址里包含

"真相"这个词,

你就不用去看它。

∵ ──────

做出承诺时要格外吝啬，

因为履行承诺时，

必须慷慨。

• ·ーーーーー

你以为

你看清了未来，

只是因为

你看到的其实是眼前。

• ·ーーーーー

宝贵的人生建议

一份妥当的道歉

需要包含三个 R。

regret，遗憾（真诚地与对方共情），

responsibility，负责（不责怪别人），

remedy，补救（愿意解决问题）。

给年轻人忠告的最好方式是：

弄明白他们真正想做什么，

然后建议他们放手去做。

做出大胆的重大改变,
通常比做出微小的渐进改变
容易得多。

一个不可告人的巨大秘密是,
每个人,特别是名人,
都是在弥补过失中不断前行的。

没有完美,只有进步。
完成胜过完美。

宝贵的人生建议

如果你相信任何挫折都只是暂时的，
你就选择了幸运。

如果你做的事
没有任何人能做，
你求职时就不需要简历。

在争端中，
如果要缓和紧张气氛，
你只需要模仿对方的肢体语言。

Excellent Advice for Living

对不感兴趣的东西
保持高度的好奇,
能获得丰厚的回报。

识别小偷并不难:
认为人人
都会偷东西的人,
就是小偷。

宝贵的人生建议

观看自己的倒影，

会让我们在不知不觉中分心。

如果你停止自我审视，

你整天开电话会议的

疲劳就会大大缓解。

读你最喜欢的作家读过的书。

当你无法决定时,问自己:
"哪个选择日后带来的回报比眼前多?"
轻松的选择马上就有回报。
最好的选择最后带来回报。

头脑中的想法总是完美的,
但完美的东西从来都不真实。
马上把想法记下来,
画出草图来,
或者做出纸板原型来。
这样,你的想法会更接近真实,
因为它不完美。

宝贵的人生建议

相信三星级的产品评价,
因为这些评价既讲了好的方面,
也讲了不好的方面,
这是大多数产品的真实情况。

始终在一开始就提出你想要什么。
这适用于人际关系、商业和生活。

即使你什么也不说,只要认真听,
人们也会认为你是一个很好的谈话对象。

好奇心能杀死确定性。

好奇心越强,你的可能性就越多。

衡量财富的标准,

不是金钱能买到的东西,

而是金钱买不到的东西。

要从错误中学习,

先从嘲笑自己的错误开始。

宝贵的人生建议

你精心培养的人离去，
是令人遗憾的；
更糟糕的是，
你不培养他们，
他们却留下来。

对于争议性问题，
如果你能像对方一样
论证对方的观点，
你的观点就会更有说服力。

当你让别人等你时,
他们就开始想到你所有的缺点。

信任是一点一滴积累的,
失信却如同洪水决堤。
始终如一地诚实,
就永远不会失信。

一个诚实的朋友
对你无所图。

宝贵的人生建议

人生三分之一的时间

是躺在床上睡觉,

几乎另外三分之一,

是在椅子上坐着。

花钱买好床、好椅子,

是物有所值的投资。

倾听的目的

并不是回答,

而是听出弦外之音。

如果你确定要去看一部电影,
不要看预告片,
以免毁了一部电影。
只有你不确定是否要看
或者很可能不看的电影,
才去看看预告片。

你犯的上一个错误,
是你最好的老师。

宝贵的人生建议

汽油车的仪表盘上
有一个带小箭头的加油泵标志。
箭头所指的方向
是这辆车油箱所在的一侧。
借车或租车时,
记住这一点。

你在家中展示的
最完美的艺术品,
应该是孩子难以忘怀的
奇怪的艺术品。

每天只花 15 分钟，
即每天 1% 的时间，
来改进你做事的方式，
这是你发展壮大你的事业
最有力的方法。

不要问你的孩子
他们今天学了什么，
而要问他们今天帮助了谁。

宝贵的人生建议

幸福的最大杀手
就是比较。
如果非要比较,
就和昨天的自己比较。

20 多岁的大好年华,
可以做一些
非同寻常、稀奇古怪、大胆冒险、
不可理喻、疯狂愚蠢、无利可图、
看起来与"成功"不沾边的事。
在余生里,
这些经历将成为你的灵感缪斯。

不要用观点来定义自身，
因为那样你就无法改变你的想法了。
用价值观来定义自身。

想要成功一次，就专注于结果；
想要不断成功，就专注于
创造结果的过程。

你的理想伴侣不是永远和你没有分歧的人，
而是你乐于与之意见相左的人。

宝贵的人生建议

开阔的心胸
是通往开放思想最直接的路径。

❖❖ ─────

如果你限于人生困境，
去一个你从未听说过的地方旅行。

❖❖ ─────

改变他人观点最有力的做法是
对其观点
感到好奇。

❖❖ ─────

如果你不关心你的手下，
他们也就不会关心你的使命。

• • ————

要加快会议速度，就必须规定，
发言者必须说点
其他参会人不知道的东西。

• • ————

富有者有金钱。
富足者有时间。
富足比富有更容易。

• • ————

宝贵的人生建议

独行快，

众行远。

你最好的肖像照

不应该在你微笑时拍，

而应该在你大笑之后

安静的那一刻拍。

找一个能让你笑的摄影师。

假如你成长了,
你的责任感并没有随之提升,
那么你就没有真正成长。

● ● ———

制订计划时,
必须允许自己迷路,
你会找到
最初没有刻意去找的东西。

● ● ———

宝贵的人生建议

所有财产都需要修理和保养
以保持其自然状态。
你拥有的东西，
最终会左右你。
所以要精心选择。

如果你想写文章介绍
某个难以解释的事物，
你可以给朋友写一封内容详细的信，
说说为什么这么难以解释，
然后去掉开头"亲爱的朋友"那一部分，
你就会得到一篇不错的初稿。

每周留出一天，

不工作，

不做生意，

不赚钱。

把这一天称为"放空日"

（或叫别的名字）。

利用这一天

休息、充电、

思考人生中最重要的事。

令人意外的是，

你将发现过这个放空日

是你一周里做的最有成效的事。

宝贵的人生建议

悲观妄想症的反面,

是乐观妄想症。

做一个乐观妄想症患者,

相信

整个宇宙

都在你背后合谋

助你成功。

选择那些

能带来更多选项的选项。

第一步
通常是为了完成最后一步。
碗碟架装满后，
你无法塞进一个新盘子。

当你陷入困境时，
把可能行不通的办法
列一个长长的单子。
这份单子上会冒出一颗种子，
这颗种子会长成一个
让你走出困境的解决方案。

宝贵的人生建议

不管你多大,

现在,

就是你的黄金岁月。

美好的事情会带来金色的回忆,

糟糕的事情会带来宝贵的教训。

缓解愤怒最有效的方法是

给自己一点时间。

艺术、文学和喜剧，

来源于重新审视生活的日常。

只需要关注日常的细节，

你就能把平凡

化为神奇。

最好身无分文地离世。

去世前，把钱给你的受益人；

钱对他们来说，更有意义也更有用。

把钱花光。

你的最后一张支票应该签给殡仪馆，

它应该是张空头支票。

宝贵的人生建议

看到那个永远在排队的老人了吗？
那就是未来的你。
要有耐心。

尽可能多地创造
你可以轻松举办的家庭仪式。
日程上需要例行完成的事，无论大小，
无论至关重要还是微不足道，
都可以成为仪式。
不断重复，
小小的例行仪式就会成为传奇。
盼望是关键。

防止衰老的良方

主要是

保持好奇心。

生活忙碌,

但别忘了艺术。

宝贵的人生建议

那些人生哲理将按照你的需要
一一呈现。
如何掌握这些人生哲理
取决于你。
当你真正学会了一个道理之后，
还有下一个。
只要你还活着，
就意味着你还有很多东西要学。

∙∙————

人生中只有很少的遗憾，
是遗憾自己做了什么。
几乎所有的遗憾都是遗憾自己没有做什么。

∙∙————

你的目标是,

在去世前一天,

你能说,你完全活出了自我。

我的这些建议并不是法则。

它们就像帽子。

假如一顶不合适,

试试另一顶。

致谢
Acknowledgements

感谢中文版编辑团队：策划编辑王颖、编审曹爱菊、策划编辑温欣欣、版权经理戴园园、版权经理张琦、营销总监张艺歌、营销编辑梁可可、营销编辑潘宁、封面设计唐旭。感谢第一位读者赵嘉敏、第二位读者傅嘉敏。